ISAAC ASIMOV

Los lagartos terribles

y otros relatos

Alianza Editorial

Diseño de cubierta: Ángel Uriarte
Traducción de Francisco Morán Samaniego

1. Los lagartos terribles

Acaba* James D. Watson de publicar un libro, *La doble hélice,* en que detalla la historia interna del descubrimiento de la estructura de la molécula de DNA. Está alcanzando gran éxito esta obra, más que por la importancia del tema, porque presenta a los científicos como seres humanos, sujetos a las humanas flaquezas.

Pero, ¿por qué no? Una inteligencia preclara no es forzoso que vaya siempre unida a un gran espíritu. Entre los científicos hay bellacos, como en cualquier otro grupo.

Mi candidato predilecto para un puesto eminente en la bellaquería científica es Sir Richard Owen, zoólogo inglés del siglo XIX. Fue el último de los «filósofos naturales» de primer orden, que aceptaban las ideas místicas del naturalista alemán Lorenzo Oken. Creían ellos en el desarrollo evolutivo

---

* 1968.

por vagas fuerzas internas, que guiaban a las criaturas hacia ciertas metas especiales.

Cuando en 1859 Carlos Darwin publicó el *Origen de las especies,* en que presentaba pruebas de la evolución por selección natural, Owen quedó horrorizado. La selección natural, tal como la describía Darwin, era un fuerza ciega, que transformaba las especies actuando sobre variaciones casuales de los individuos.

No podía Owen aceptar la evolución por efectos casuales, y se opuso a Darwin; con todo derecho, naturalmente. Era hasta deber suyo científico impugnar sus doctrinas con todas sus fuerzas. La interpretación de Darwin, como toda interpretación científica, tenía que sobrevivir a los combates librados en el palenque intelectual; y ningún arma honrada es lícita en esos combates.

Ningún arma *honrada.* Owen escogió la de criticar el libro de Darwin en todos los diferentes artículos que logró publicar. Eligió presentar anónimas esas recensiones, citando extensamente sus propios trabajos, con exaltados elogios, para aparentar que los impugnadores eran muchos. Eligió dar un extracto nada fiel del contenido del libro, ridiculizándolo en vez de aducir objetivamente argumentos adversos. Y, aún peor, incitó a otros a atacar a Darwin, en forma venenosa y anticientífica, ante públicos profanos, proporcionándoles para ello información falsa.

En suma, Owen fue cobarde, maligno y despreciable; y para mí es motivo de satisfacción que resultase derrotado.

Pero no permitamos que esto nos impida reconocer sus importantes contribuciones a la biología. Descubrió en 1852 las glándulas paratiroideas, al disecar un rinoceronte. (Habían de pasar no pocos años, antes de que se descubriesen también en el hombre.) Fue el primero en describir los recién extinguidos dinornis de Nueva Zelanda, y el en modo alguno extinto parásito, identificado más tarde como agente de la triquinosis.

Pero para el «gran público», su mayor fama la debe a una palabra: fue uno de los primeros en estudiar los fósiles de ciertos gigantescos seres, extinguidos mucho ha, que pronto cautivaron la mundial fantasía. Hasta cinco veces mayores que los más gigantescos elefantes actuales, hacían temblar el suelo entre setenta y doscientos setenta millones de años.

Los enormes esqueletos, reconstruidos por los restos fosilizados, eran de naturaleza netamente reptiliana. Por eso Owen los llamó «los lagartos terribles» y, para decirlo en griego, los «Dinosauria». (Realmente esos gigantescos reptiles antiguos tienen más cercano parentesco con los caimanes que con los lagartos; pero yo reconozco que «Dinocrocodilia» hubiese sido un nombre inadmisible.)

El nombre arraigó y hoy yo estoy seguro de que muchos niños saben describir varios dinosaurios, aunque no sepan describir un hipopótamo, ni hayan oído hablar de un okapi.

Pero con toda su mundial fama y su enorme popularidad, el dinosaurio ha desaparecido del cuadro zoológico; resulta que no hay ni un solo grupo de animales que puedan llamarse por ese nombre. Se ha borrado el término de la tabla de clasificación animal. Podéis repasarla de arriba abajo y no encontraréis el rótulo «dinosaurios». (Casi nos da risa, Sir Owen.)

Es más, los dinosaurios no son necesariamente grandes y monstruosos. Muchos de ellos eran bien pequeños y mucho menos «terribles» que, por ejemplo, un perro policía hostigado. En cambio, algunos de los grandes reptiles extintos, que parecen terribles de veras, no se consideran dinosaurios en el sentido estricto de la palabra.

Abordemos, pues, el tema de «los lagartos terribles», y veamos lo que eran y lo que no.

Al clasificar los antiguos reptiles, hay que usar necesariamente la estructura ósea como base de diferenciación, pues para estudiar esos animales, muertos hace tanto, sólo huesos nos quedan. El cráneo se usa con frecuencia, porque tiene una complicada textura de muchos huesos, que presenta variedades de cómoda amplitud.

La clase, «reptilia», por ejemplo, se divide en seis subclases, con arreglo en gran parte a la textura del cráneo. Los cráneos más primitivos tienen la textura ósea sólidamente cerrada, detrás de la órbita del ojo. Tales cráneos pertenecen a la subclase «anápsida» («sin abertura»)[1].

Los primeros reptiles importantes del orden «cotylonosauria» («lagartos-copa», por sus vértebras en forma de copa) tenían cráneo anápsido. Esos reptiles, bajos, fornidos, de sólo seis pies de largo y no excesivamente avanzados respecto a sus antecesores anfibios, existieron hace unos trescientos millones de años. Suelen llamarse reptiles-tronco, pues representan el tronco del árbol genealógico reptiliano, del cual se ramifican todas las formas posteriores, aunque ellos mismos ha mucho se extinguieron.

Un grupo, y sólo uno, de descendientes suyos, que apareció pronto (quizá hace doscientos treinta millones de años), conservó el cráneo anápsido. Es bien notable que ese orden primitivo existe aún, aunque parientes más avanzados se han extinguido hace tiempo. Este orden son los quelónidos (tortugas), que comprende naturalmente las tortugas de mar y de tierra.

---

[1] La palabra *apsis* significa «rueda», «arco», «bóveda» y algunas otras cosas. Si nos quedamos con la acepción de «rueda» y pensamos que se puede aplicar a cualquier abertura más o menos circular, podríamos traducir la palabra por «abertura». En este capítulo trataré de dar el significado literal de los términos zoológicos, que casi siempre son griegos o latinos. No debo ocultar que en algunos casos ignoro la razón de que se haya elegido ese significado literal. Si algún amable lector lo sabe, le agradeceré la información.

Otro modelo de cráneo reptiliano tiene una abertura tras la órbita del ojo. Es característica del suborden de los sinápsidos («con abertura») que está por completo extinguido; no hay, al menos, reptiles con cráneo sinápsido. Sin embargo, de ellos descienden los mamíferos actuales.

Hay otros dos modelos de cráneos reptilianos con una sola abertura detrás de las órbitas oculares. La disposición de los huesos alrededor de la abertura es diferente en los dos casos, y distinta en ambos de la propia de los cráneos sinápsidos. Resultan, pues, los subórdenes «parápsidos» («abertura lateral») y «eurápsidos» («abertura ancha»). Ambos subórdenes están totalmente extinguidos; no hay reptiles de cráneos ni parápsidos ni eurápsidos, ni de ellos descendieron formas no reptilianas.

Los parápsidos más familiares son los ictiosaurios («reptiles peces»). Es éste un buen nombre, porque en su primera aparición conocida, hace unos doscientos veinte millones de años, llevaban ya tanto tiempo viviendo en el mar, que estaban completamente adaptados a él. Habían tomado forma hidrodinámica de peces, como algunos de nuestros modernos mamíferos. Se parecían mucho, en efecto, a delfines de hocico largo.

Claro que, al hablar de ictiosaurios no hablamos de un solo animal, sino de un amplio grupo de animales distintos. Había, por ejemplo, especies de ictiosaurios que sólo tenían dos pies de longitud, y otras que alcanzaban los 60 pies. Los mayores tenían el tamaño de la moderna ballena de esperma; y en su época, hace ciento ochenta millones de años, eran los animales mayores. Unos cuarenta millones de años después, las especies gigantes se extinguían y fueron sustituidas por otras considerablemente menores, con colas más cortas y sin dientes.

Llegamos ahora a un punto delicado. Los ictiosaurios, no obstante su aspecto exterior de peces, eran completos y auténticos reptiles. Están extinguidos totalmente y algunos eran enormes. ¿No les habilita esto —ser grandes reptiles extinguidos— para ser incluidos entre los dinosaurios?

En lenguaje popular lo son indudablemente, pero esto no es correcto para los puristas. Casi todos los animales vulgarmente llamados dinosaurios pertenecen a una subclase especial de reptiles, y no a la parápsida. Estrictamente hablando, animales ajenos a esa especial subclase no tienen derecho al nombre; y en este sentido, los ictiosaurios no son dinosaurios.

Pasando a los eurápsidos, tenemos como los ejemplos más conocidos otros seres acuáticos, sólo ligeramente peor acomodados a la vida de mar que los ictiosaurios. Todos tienen miembros adaptados al chapoteo y la natación. Algunos parece que podrían aún moverse por tierra cojeando; pero hay un grupo tan perfectamente equipado de paletas natatorias, que no puede, sin duda, salir del mar. Se llaman «plesiosaurios» («casi lagartos»), porque parecen verdaderos reptiles, excepto la peculiaridad de tener cuatro paletas, en vez de patas corrientes.

Si los ictiosaurios eran los reptiles análogos a los delfines y ballenas, los plesiosaurios parecen ser reptiles-focas. Su particularidad más notable era quizá los largos cuellos que tenía la mayor parte, aunque no todos. Probablemente los proyectaban hacia adelante, hacia los peces, como lanzas animadas. En plena era de los reptiles, hace cien millones de años, había variedades de cincuenta o más pies de longitud, ocupada en dos terceras partes por el pescuezo. Una de esas gigantescas variedades, el «elasmosaurio» («lagarto plateado») tenía probablemente el más largo pescuezo que existió en el mundo.

Los plesiosaurios responden mucho mejor que los ictiosaurios a la noción vulgar de los dinosaurios. Tienen cabeza pequeña, largos cuellos y colas y cuerpo en forma de tonel. Pero, como los ictiosaurios, tampoco son dinosaurios, pues pertenecen también a otra subclase.

Eso nos lleva a un quinto modelo de cráneo, que es el de mayor éxito *en un sentido puramente reptiliano*. (Establezco esta distinción porque los sinápsidos, aunque de éxito mediocre, dieron origen a los mamíferos, lo cual constituye un éxito enorme, aunque no reptiliano.)

En esa quinta clase de cráneo hay dos aberturas tras la órbita; tales cráneos se llaman «diápsidos» («de dos aberturas»). Pero no existe ninguna subclase de ese nombre. El motivo es que hay nada menos que dos grupos importantes de reptiles con cráneos diápsidos, y ninguno de ellos puede reclamar la posesión exclusiva del título.

La subclase primera de diápsidos son los «lepidosaurios» («lagartos escamosos» en griego). Comprende el orden «squamata» («escamoso» en latín), que comprende a su vez los más florecientes reptiles actuales: las serpientes y lagartos.

Otro orden de lepidosaurios, los «rinocéfalos» («cabezas hocicudas», porque tienen morro saliente en forma de pico), es interesante por una razón completamente distinta; no por lo prolífico, sino por haberse librado de extinguirse por el estrechísimo margen de una sola y rara especie. Nunca fue muy interesante este orden y, salvo dicho único superviviente, desapareció hace unos setenta millones de años. El superviviente que nos queda es un animal de forma de lagarto, de tamaño modesto (sólo treinta pulgadas, lo más, del morro a la punta del rabo). En época reciente se le encontraba aún en las principales islas de Nueva Zelanda; pero ya no. Ahora sólo existe en unos pocos islotes costeros de ese archipiélago, donde lo protegen rigurosas vedas. Su nombre vulgar es tuatara («espina negra», en maorí indígena, porque, además de las escamas que cubren su cuerpo, tiene una línea de espinas a lo largo del espinazo). Más formal es llamarlo «esfenodon» («diente en cuña»), que es el nombre de su género.

No obstante su traza, no es un lagarto. Presenta en el cráneo un arco óseo que no tiene lagarto ninguno (primera indicación, para sus primitivos disectores, de que tenían entre manos algo no usual). Los dientes están sujetos de distinto modo que en los lagartos; y tiene, además, en los ojos membranas nictitantes, que poseen los pájaros, pero los lagartos no. Por último, tiene en lo alto del cerebro una glándula pineal especialmente bien desarrollada, muchísimo mejor que en los lagartos. En el esfenodon joven tiene el aspecto anatómico de un tercer ojo, aunque no hay indicios de que sea sensible a la luz.

La segunda subclase de los diápsidos son los «arcosaurios» («reptiles dominantes»), y a esa subclase y sólo a ella, como indica el nombre, es a la que pertenecen los dinosaurios.

Claro que podríamos detenernos a preguntar por qué se hacen dos subclases de seres que tienen todos cráneos diápsidos. Bueno, hay otras diferencias. Por una parte, los arcosaurios tienen los dientes insertados en alvéolos, y los lepidosaurios no (con una excepción muy nimia). Esto a un profano le parecerá quizá una diferencia insignificante, pero no lo es. La mejora del poder de la dentadura es tal, que los arcosaurios fueron en una época la más floreciente de todas las subclases reptilianas. Además, una distinción de esas suele implicar una serie entera de distinciones.

Los arcosaurios más primitivos constituyen el orden «thecodontia» («dientes en alvéolos»), y de ellos proceden todos los demás arcosaurios, aunque ellos mismos se extinguieron ha mucho.

Muchos de los tecodontes eran más bien pequeños y adoptaron posición bípeda. Las patas delanteras se redujeron de tamaño, y las traseras se agrandaron y fortalecieron, y se desarrolló una larga cola para el equilibrio. Venían a parecer reptiles-canguros.

Pero ciertos tecodontes, más pesados y torpes, se vieron obligados a seguir en cuatro patas, y desarrollaron el orden de los «crocodilia», supervivientes hasta hoy, como es sabido. Los caimanes y cocodrilos son los únicos reptiles actuales de la subclase «archosauria», a la que pertenecían los dinosaurios; y sin embargo los cocodrilos no se consideran dinosaurios, a pesar de ser sus más próximos parientes actuales. Los dinosaurios están restringidos a dos órdenes y sólo a ellos, dentro de la subclase. Los caimanes y cocodrilos están fuera de esos dos órdenes y, por consiguiente, no son dinosaurios.

Más espectacular es otro grupo de descendientes

de los tecodontes, que constituyen el orden «ptero-sauria» («lagartos alados»). Ésos eran más ligeros aún; desarrollaron largas y finas membranas, apoyadas en pequeños dedos alargados; hicieron de ellas alas y fueron los únicos reptiles que se entregaron al auténtico vuelo.

Los primitivos pterosaurios tenían largas cabezas con agudos dientes y también largas colas. Los posteriores crecieron, tenían colas mucho más cortas y a veces carecían de dientes por completo. Hace como ciento cincuenta millones de años surcaba los cielos el mayor de todos los pterosaurios. Era el pteranodon, de unos veinte pies de envergadura y con un cráneo con larga cresta de unos tres pies de extremo a extremo.

Pero no fueron los pterosaurios los únicos descendientes de los tecodontes que aprendieron el secreto del verdadero vuelo. Otro grupo convirtió sus escamas en plumas. De éstos descendió un grupo de seres tan radicalmente distintos de los demás reptiles en tantas características, que han merecido ser separados en una clase propia: las aves.

Quedan ahora los dos órdenes de arcosaurios, ambos extintos, que comprenden los dinosaurios. Para esquematizar sus relaciones con otros reptiles, he preparado la figura 1, que trata principalmente de la clasificación zoológica, sin interesarse de modo primordial por las líneas del desarrollo evolutivo.

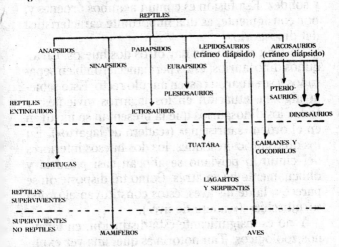

Figura 1. Los REPTILES

Si estos dos órdenes pudiesen agruparse en uno, ese orden mixto hubiese sin duda conservado el título de Owen, «dinosauria». Pero un estudio más detenido de esos animales pronto demostró que había que establecer entre ellos importantes diferencias, especialmente en el cinturón pelviano (huesos de la cadera).

Desde que los dinosaurios ancestrales tomaron la posición bípeda de los tecodontes, el cinturón pelviano tuvo que soportar todo el peso del animal. Por tanto, se reforzó y sus tres huesos principales crecieron en el curso de la evolución. El superior del cinturón (el ilio) creció hasta soldarse con el espinazo, formando un armazón de gran fuerza y solidez. Esa fusión es común a ambos órdenes y, por consiguiente, es una importante característica del dinosaurio.

Pero en el cinturón hay otros dos huesos. En algunos dinosaurios, éstos permanecieron bien separados y se situaron casi en ángulo recto. Esto semeja algo la situación en los lagartos vivientes; y todos los dinosaurios que la presentan se incluyen en el orden «saurischia» («cadera de lagarto»). En los dinosaurios restantes, los dos huesos inferiores del cinturón pelviano se alinean casi paralela y oblicuamente hacia atrás. Como tal disposición se parece a la de las aves, éstos constituyen el orden «ornitischia» («cadera de ave»).

Y no es insignificante esta distinción, en términos zoológicos. Tan notoria es que, una vez explicada la diferencia entre ambos cinturones pelvianos, cualquiera puede decir si un dinosaurio pertenece a un grupo o a otro, con una rápida ojeada al esqueleto.

Ése es el motivo de que «dinosaurio» no sea ya término zoológico oficial. Puede hablarse, y se habla con frecuencia, de dinosaurios saurisquios y dinosaurios ornitisquios; pero es más correcto hablar de saurisquios y ornitisquios, omitiendo por completo la palabra dinosaurio.

Primero alcanzaron su apogeo los saurisquios. Se dividen en dos subórdenes: «theropoda» («pies dc res») y «saurópoda» («pies de lagarto»), porque en el número de los huesos del pie los primeros se parecen más que los segundos a los mamíferos.

Más sencillo para distinguir los dos subórdenes es recordar que los terópodos son bípedos y los saurópodos cuadrúpedos.

Los más primitivos terópodos eran, por cierto, muy semejantes a los tecodontes: ligeros y pequeños bípedos, adaptados a la carrera rápida. Eran los «coelusauria» («lagartos huecos») de huesos realmente huecos, para aligerar el armazón corporal. Muchos de éstos eran bien chicos; y uno, el «compsognato» («quijada elegante», por lo pequeño y delicado que era), venía a tener sólo el tamaño de un pollo y era el menor de los dinosaurios conocidos.

Sin embargo, las especies manifestaban una tendencia general a hacerse mayores al correr el tiempo, quizá porque la creciente competencia entre los distintos dinosaurios favorecía, cada vez más, a los fuertes. Hacia fines del cretáceo, hace ochenta millones de años, se habían desarrollado coelusaurios del tamaño de avestruces. Uno de ellos tenía casi exactamente el tamaño y forma de un avestruz, con cabeza pequeña, luciendo un pico córneo desdentado; largo cuello y poderosas patas. Aunque tenía antebrazos con dedos prensiles, en vez de alas cortas rudimentarias, y una larga cola en vez de plumas, se le llama «ornithomimus» («imitapájaros»).

Otra serie de terópodos fueron los «carnosaurios» («lagartos carnívoros»), llamados así porque lo eran característicamente. En realidad lo eran también los coelusaurios, pero el aspecto físico de los carnosaurios lo hacía resaltar de un modo mucho más horrible.

Los carnosaurios conservaban la posición bípeda, pero en volumen sobrepujaron con mucho a los coelusaurios. Al final del cretáceo alcanzaron su culminación en el «tiranosaurio» («lagarto amo»), cuya cabeza, de cuatro pies de largo, iba elevada unos 19 pies sobre el suelo. La longitud total de su cuerpo, del hocico a la punta del rabo, andaría por los 50 pies, pero sus patas delanteras eran minúsculas, no más largas que las de un hombre, y demasiado cortas para servir para nada; ni siquiera llegaban a la boca.

Pero las mandíbulas del tiranosaurio podían arreglárselas sin ayuda; sus múltiples dientes tenían hasta seis pulgadas de largo, y es claro, sólo por el esqueleto, que era el monstruo más alucinante que hizo jamás temblar el suelo. Es el mayor carnívoro terrestre conocido, tan enorme al menos como los mayores elefantes, por otra parte herbívoros.

Los colosales muslos del tiranosaurio muestran claramente que se acercaba a los límites prácticos para la posición bípeda.

Los saurópodos eran animales gigantescos y los más familiares, al parecer, de los dinosaurios.

Eran de conformación superelefantina, con largos cuellos por un lado y largas colas por el otro. Parecían en verdad colosales serpientes, que se hubiesen tragado sendos elefantes gigantescos, cuyas patas, como enormes columnas, asomando fuera de las serpientes, marchasen arrastrándolas.

Hay claras señales de la ascendencia bípeda de los saurópodos, aunque marchasen tan pesada y difícilmente en cuatro patas. La mayor parte de las veces, las delanteras quedaban más cortas que las traseras, de modo que el lomo ascendía oblicuamente, alcanzando una cúspide en las caderas.

El más largo de los saurópodos era el «diplodocus» («doble viga»). Se han encontrado ejemplares que medían cerca de 90 pies, del hocico al extremo de su larga cola, de grosor decreciente. Jamás hubo animales más largos, salvo algunas de las mayores ballenas.

Pero el diplodocus era de conformación esbelta y distaba de ser el dinosaurio de mayor peso. El «brontosaurio» («lagarto del trueno»), aunque más corto, pesaba más, acaso hasta 35 toneladas.

Más pesado aún era el «braquiosaurio» («lagarto con brazos»), llamado así porque en el curso de su evolución, sus miembros delanteros habían terminado por desarrollarse, hasta el punto de superar a los traseros en longitud. Podía pesar hasta 50 toneladas y es el animal terrestre más enorme que ha existido nunca.

Mas es difícil asegurar hasta qué punto está justificado decir «animal terrestre». Es muy probable que los grandes saurópodos, aunque podían caminar pesadamente por la tierra, si era necesario, viviesen de preferencia en ríos y lagos como los actuales hipopótamos, y por los mismos motivos: allí encontraban alimentos y también cierta protección, y el agua les descargaba de sus abrumadores pesos.

Los ornitisquios, el más especializado de ambos grupos, no aparecieron en su propio ser hasta hace unos ciento cincuenta millones de años, docenas de millones después que los saurisquios estuvieran ya desarrollados en variedad de florecientes formas.

Los ornitisquios eran herbívoros, y sus representantes más pequeños conservaban también la posición bípeda de los primitivos antecesores dinosáuricos, aunque sus miembros anteriores nunca se achicaron tanto como en los bípedos saurisquios.

Eran típicos los dinosaurios de pico de ánade, que desarrollaron una mandíbula ancha y chata, para manejar su dieta vegetal. El mayor de ellos, el «anatosaurio» («lagarto ánade»), tenía 18 pies de altura. Visto de prisa y de lejos, podía parecerse a un tiranosaurio, pero era completamente inofensivo, como no le pisase a uno o le cayese encima.

La mayor parte de los ornitisquios se protegían contra los carnosaurios desarrollando corazas de una u otra clase. Uno de los más conocidos es el «estegosaurio» («lagarto con tejado»). Recibe ese nombre porque su esqueleto se encontraba en relación con grandes placas óseas, que al principio se supuso que protegían su espalda como las piezas de un tejado. Estudios más detenidos mostraron que estaban de punta en una doble fila, desde el cuello al arranque de la cola, mientras que la punta de ésta estaba armada de dos pares de largos y agudos espigones óseos.

El estegosaurio presentaba claras muestras de posición bípeda ancestral, pues sus patas delanteras eran poco más de la mitad de largas que las traseras. Su diminuta cabeza contenía sesos no mayores que los de un pollo actual, aunque tenía 30 pies de largo y pesaba más que un elefante. El estegosaurio es el colmo de la escasez de sesos dinosáurica.

Se extinguió a comienzos del cretáceo, probablemente antes de aparecer en escena el tiranosaurio. La famosa escena de la película de Walt Disney *Fantasía,* en la que un tiranosaurio ataca y mata a un estegosaurio, aunque es muy efectista, es muy probablemente anacrónica.

Verdadero contemporáneo del tiranosaurio fue el «anquilosaurio» («lagarto encorvado»), que se desarrolló después del estegosaurio y fue el animal más fuertemente «blindado» de todos los tiempos. Era un dinosaurio bajo y ancho, difícil de volcar descubriendo su indefenso vientre. Su lomo, del cráneo a la cola, estaba cubierto de macizas placas óseas, que a lo largo de los costados remataban en fuertes espigones. La cola terminaba en un abultamiento óseo, que probablemente tenía fuerza de ariete al golpear. Era un verdadero tanque viviente, y da que pensar lo que sería una lucha entre él y el tiranosaurio.

Finalmente tenemos el «triceratops» («de tres cuernos»), constituido como un superrinoceronte, y el mejor estudiado de una extensa y variada familia. Su armadura estaba concentrada en la región de la cabeza. Una coraza ósea acanalada, de seis pies de anchura, se extendía desde la cabeza, cubriendo el cuello. La cara llevaba tres cuernos: dos largos y agudos, encima de los ojos, y otro más corto y romo en la nariz. Además la boca estaba dotada de un fuerte pico, como de loro.

Pero vino el fin del cretáceo, hace setenta millones de años, y algo ocurrió; no sabemos qué. Todos los dinosaurios que existían entonces, tanto saurisquios como ornitisquios, desaparecieron en un plazo relativamente corto, como de un par de millones de años; y también los imponentes reptiles no dinosaurios, los ictiosaurios, plesiosaurios y pterosaurios; y también algunos espectaculares animales no reptiles, como los invertebrados ammonites.

Figura 2. Los DINOSAURIOS

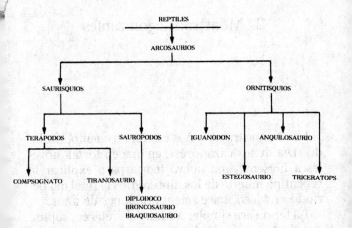

Para explicar esto ha habido tantas teorías como paleontólogos, y últimamente se ha publicado una, especialmente interesante, que examinaremos en el capítulo siguiente.

2. Monstruos agonizantes

Hace unos treinta años escribí un cuento, titulado «Día de los cazadores», en que en forma novelesca presenté una nueva teoría para explicar la repentina muerte de los dinosaurios al final del período cretáceo, hace setenta millones de años.

La teoría era simple: A fines del cretáceo, supuse yo, cierto grupo de dinosaurios pequeños habían desarrollado inteligencia; aprendieron a disparar proyectiles y dieron caza a todos los demás dinosaurios, hasta extirparlos. Entonces, a falta de otras presas, se cazaron también unos a otros, hasta descastarse.

¿Por qué no habría restos de dinosaurios inteligentes, o sea, con gran capacidad craneal? Veréis. Los seres inteligentes dejan pocos fósiles. Fijaos qué pocos fósiles de primates descubrimos, aun siendo mucho más recientes que los dinosaurios; en cuanto a las armas...

Pero no quiero defender ahora mi tesis, que no creo en realidad defendible. Me sirvió sólo para escribir un cuentecillo, que resultó lo que el crítico de ficción científica Damon Knight llamaría «Asimov en pequeño», y que desarrollaría una moral no demasiado sutil para nuestra época.

Pero el problema subsiste. ¿Qué descastó a los dinosaurios? Durante ciento cincuenta millones de años, una asombrosa colección de enormes especies reptilianas había dominado las formas de vida terrestre. (Los llamaré dinosaurios en este artículo, aunque como expliqué en el anterior, el término es impropio.) En ese período de ciento cincuenta millones de años, desde hace doscientos veinte millones, hasta hace setenta millones, se extinguieron especies sueltas de dinosaurios, unas veces sin dejar descendencia, que sepamos; otras veces habiéndose ramificado en otras especies, que en cierto modo las sustituyeron. En otras ocasiones una especie se extinguía en el sentido de sufrir lentos cambios, que la transformaban en una especie nueva o en varias.

Mas hace unos setenta millones de años, súbitamente, como en un par de millones de años, todas las restantes especies de dinosaurios quedaron extinguidas, sin dejar descendencia.

Hace ciento cincuenta años eso parecía fácil de explicar, porque en aquellos tiempos era popular entre los biólogos la doctrina del «catastrofismo». En aquella época en que la Biblia era reverenciada como verdad literal, los biólogos tenían que compaginar los crecientes testimonios en favor de una tierra y unos seres fósiles, ambos de muchos millones de años de antigüedad, con el relato bíblico, que parecía indicar que la tierra y la vida habían sido creadas hace no más de seis mil años.

Una posible solución se encontró en el diluvio. Un naturalista suizo, Carlos Bonnet, sugirió en 1770 que los fósiles eran restos de especies extinguidas, que habían sido descastadas por uno de los cataclismos mundiales, en cuya serie el diluvio bíblico fue sólo el más reciente. Después de cada cataclismo, la vida comenzaba de nuevo; y la verdad bíblica quedaba a salvo, diciendo que sólo narraba la más reciente de varias distintas creaciones.

El representante más insigne de ese catastrofismo fue el naturalista francés Jorge Cuvier, que en los primeros decenios del siglo XIX fue el primero en estudiar fósiles. Comparando con gran ingenio sus anatomías, mostró que podían ordenarse de una manera lógica y encajarse en grupos aún inexistentes. A posteriori es patente que su obra estaba clamando a voz en grito «¡evolución!».

Pero Cuvier no admitía explicaciones evolucionistas. En vez de ello, localizó exactamente cuatro épocas del registro de los fósiles, en que aparecían vacíos, y los consideró como otros tantos ejemplos de catástrofes de Bonnet.

¡Lástima de explicación! Fueron descubriéndose más y más fósiles, y precisándose con más y más claridad su orden en el tiempo, y desaparecieron todos los vacíos. Desde las primeras huellas fósiles, marcadas, como sabemos ahora, hace seiscientos millones de años, hasta hoy, no ha existido instante en que hayan cesado todas las formas de vida. La vida fue creada sólo una vez.

En realidad, hay hoy mismo especies vivas y florecientes, que vienen existiendo casi sin cambio, desde antes de la época de los dinosaurios. Un ejemplo es el límulo: lleva trescientos millones de años sin cambiar gran cosa.

Mas ha habido épocas en la historia de la vida en que muchísimas especies dejaron «súbitamente» de existir, mientras que otras muchísimas siguieron su normal evolución; y eso es difícil de explicar.

Una catástrofe parcial debió de ocurrir hace setenta millones de años. Sucedió algo que descastó muchas especies en una amplia variedad de hábitats —los pterosaurios en el aire, los ictiosaurios en el mar y los torpes dinosaurios de tierra, dejando en cambio intactas otras especies. Los primitivos antecesores de los pájaros y de los mamíferos sobrevivieron el final del cretáceo; y también los antecesores de los reptiles que siguen hoy viviendo, aun los cocodrilos ancestrales, parientes no muy lejanos de los dinosaurios. Y la vida vegetal atravesó prácticamente intacta la línea divisoria de finales del cretáceo.

Nadie sabe cuál será la solución, pero ha habido numerosas especulaciones interesantes sobre el asunto.

Podría, por ejemplo, tratarse de un cambio de clima. Los dinosaurios podían estar adaptados a un mundo benigno, de tierras llanas y mares no profundos, con pocas oscilaciones estacionales. Vino después un período de formación de montañas; las tierras se irguieron y plegaron; el mar se ahondó y puso frío; las estaciones aumentaron en rigor, y los dinosaurios sucumbieron.

No me convence esto nada, al menos como explicación única. No iba a quedar climáticamente insoportable toda la tierra. Al empeorar las condiciones, algunos seres hubiesen logrado acomodarse a ciertos ambientes restringidos. Los pinos gigantes se adaptan a territorios de California; el tuatara a sus islotes junto a Nueva Zelanda. Indudablemente habrían tenido que quedar fajas pantanosas benignas, en que al menos algunos de los menores dinosaurios hubiesen podido defenderse, en todo caso algún tiempo.

¿Y podrían matar a los ictiosaurios simples cambios de clima, en la relativamente inafectada inmediación del mar?

¿O sería acaso el ambiente vivo el responsable? Los pequeños protomamíferos de forrada piel, escabulléndose entre la maleza, para evitar en lo posible ser vistos por sus prepotentes enemigos, podrían no obstante estar hartos de huevos de dinosaurios, abandonados sin vigilancia por los estúpidos padres.

Y los mamíferos podrían terminar por comerse

bastantes huevos, para obstruir las generaciones, y encontrarse una mañana con que habían desaparecido los reptiles. Sería una historia en cierto modo dramática, y a más no poder de nuestro gusto, ya que quedamos como héroes los mamíferos, si cabe llamar héroes a unos furtivos devoradores de huevos.

Pero claro que hay dificultades. Cuando el período cretáceo se acercaba a su fin, llevaban un millón de años existiendo mamíferos primitivos. Habría que suponer que de repente crecieron en número y empezaron a cobrar un abrumador tributo de huevos de dinosaurio. O bien podemos suponer que surgieron nuevas especies que preferían esos huevos, dejando respetuosamente intactos los de cocodrilos primitivos, lagartos, serpientes y tortugas.

Y a propósito, ¿cómo llegaban esos mamíferos a los huevos del ictiosaurio, que paría vivas sus crías, y por añadidura en el mar?

Mas ¿nunca habéis visto ir cayendo sucesivamente una fila de fichas de dominó? Pues análoga interdependencia presentan los seres vivos. ¿Por qué imaginar un suceso que afectase por igual a cada una de las especies extinguidas? Acaso sólo resultasen afectadas relativamente pocas especies; y cuando ésas empezaron a extinguirse, irían desapareciendo también otras que dependiesen de ellas, para alimentarse o para otras necesidades; y ésas, a su vez, determinarían la extinción de otras hasta dejar segada una vasta extensión del campo de la vida.

Esto tiene que estar sucediendo siempre y es fácil verlo hoy como una amenaza. Si desapareciesen los eucaliptos, tendrían que desaparecer también los coalas, pues no comen más que hojas de eucalipto. Si se descastasen de repente las cebras, los leones africanos decrecerían drásticamente en número. Ni siquiera tiene que ser cuestión de alimento; suprimid las abejas y numerosas especies vegetales, que dependen de ellas para la polinización cruzada, quedarán suprimidas también.

Algo semejante puede haber sucedido a fines del cretáceo. Se extinguió un grupo de especies que formaban parte de una trama vital singularmente apretada, y con ellas cedió el resto de la tela.

¿Pero cuál habrá sido el agente desencadenante?

¿Habrá matado algunas especies una variación climática, derribando así la primera ficha de dominó? ¿Eliminaría *algunas especies* un grupo de mamíferos comedores de huevos? ¿Fue acaso la aparición de nuevos virus o bacterias lo que descastó ciertas especies en una gran epidemia?

O ¿sería, por el contrario, como han sugerido algunos, una evolución vegetal? ¿Se deberán estas extinciones al desarrollo de hierbas precursoras de las actuales, que son duras y correosas y destruyen aun los molares, altamente adaptados, del caballo moderno? Los dinosaurios herbívoros, acostumbrados a pasto más blando y suculento (y con dientes a propósito), empezarían quizá a decaer al extenderse, cada vez más, las hierbas actuales, a expensas de las primitivas especies. Y al desaparecer los herbívoros, tuvieron que sucumbir también los carnívoros que se alimentaban de ellos.

Sólo nos falta precisar el mecanismo concreto que derribó la primera ficha de dominó y hasta ahora nadie ha sabido hacerlo. Hay demasiadas posibilidades entre qué escoger, y no disponemos de pruebas efectivas en que basar la elección.

Claro que aún nos falta considerar otras posibilidades. Hasta ahora sólo he mencionado causas de ocurrencia única o, de ser periódicas, imposibles de predecir. Pues, ¿cuándo habrá otro cambio verdaderamente radical del clima? ¿Cuándo sobrevendrá una nueva epidemia? ¿Cuándo volverá a existir lo equivalente a animales consumidores de huevos, o a plantas que comprometan las dentaduras de nuestros ganados?

Puestos a ser lúgubres, es mucho más interesante especular sobre la posibilidad de ocasiones periódicas, razonablemente predecibles, en que se producirían grandes aniquilamientos. Pues en el «archivo de los fósiles» encontramos señales patentes de sucesos periódicos de esa clase, y si el de fines del cretáceo es el más espectacular, se debe sólo a que es uno de los más recientes y que tiene mejor conservados sus testimonios fósiles. Hubo otro gran aniquilamiento aún más reciente, de mamíferos enormes, hace sólo un par de millones de años. (Nótese que, al especular sobre esos grandes aniquilamientos periódicos, le damos a la rueda de la ciencia un giro completo, y volvemos a algo un tanto semejante al catastrofismo de Cuvier. En la ciencia eso es frecuente.)

Pensemos, pues, qué causas podrían desencadenar un efecto periódico que, a intervalos más o menos fijos, sometiese a las formas de la vida a enormes tensiones, extirpándolas con una especie de ciega crueldad.

Se ha sugerido a veces que las especies tienen como una vida media natural; que ellas, como los individuos, tienen una lozana juventud, una robusta madurez, una vejez decadente y al cabo una muerte senil. Acaso los grandes aniquilamientos sobreviven cuando, por azar, las vidas de gran número de especies alcanzan simultáneamente su fin.

En realidad no hay prueba ninguna de que las especies envejezcan en igual sentido que los individuos; pero podemos llamar las cosas de otro modo. No hablemos de senilidad y vida media; hablemos de mutaciones.

Todas las especies están continuamente sujetas a mutaciones y en toda generación surgen individuos «mutados». En la inmensa mayoría de los casos esas mutaciones van a peor y las formas mutadas sobreviven menos bien que las normales. Pero si hay suficientes mutaciones y las formas mutadas constituyen suficiente carga para la especie en conjunto, ésta puede debilitarse hasta el extremo de sucumbir a sus enemigos. En ese sentido puede considerarse que la especie se hace senil.

Además ciertas especies pueden manifestar tendencias a ciertos tipos de mutaciones desastrosas. Será más probable que esto ocurra cuando los seres estén tan especializados, que resulten supersensitivos a los cambios del ambiente o de su propia fisiología. Un ser con una armadura perfecta, o una estructura demasiado desequilibrada puede quedar fuera de lo práctico con un cambio pequeño.

El hombre mismo no es inmune. Tenemos un mecanismo extraordinariamente complicado, en muchas etapas, de coagulación sanguínea. Nuestra sangre se coagula con notable eficiencia, pero esas complicaciones implican una alta proporción de fallos, puesto que son tantas las etapas que pueden fallar. En cada generación humana ocurre un número apreciable de mutaciones que comprenden alguna imperfección del mecanismo coagulante. Los «hemorrágicos» que resultan no pueden vivir mucho sin medidas heroicas.

Además la especie humana ha desarrollado una cabeza enorme para alojar nuestros gigantescos sesos. La pelvis femenina apenas deja pasar ese tamaño, y nacen niños de cráneo excesivamente grande, que salen con estrechez por la abertura pelviana y eso a costa de deformaciones del cráneo, aún flexible. De varios modos, pues, el homo sapiens está al borde mismo del desastre, y no puede arrostrar un aumento del ritmo de mutación.

Supongamos que ese aumento se produce en muchos seres. Si una especie, o grupos de ellas, están tan bien equilibradas que hay relativamente pocas probables mutaciones que puedan resultar mortales, resistirán bastante bien ese aumento. En cambio, si una especie es de algún modo propensa al desastre, un repentino aumento de la frecuencia de mutación puede sin más eliminarla.

Si las causas que hacen aumentar la frecuencia de mutación son pasajeras, sólo desaparecerán ciertas especies vulnerables, mientras que las menos vulnerables podrán subsistir, aunque algo disminuidas y transformadas.

Quizá todos los dinosaurios compartiesen algo, que los hiciera especialmente vulnerables a los estragos de ciertas mutaciones. Acaso todos desaparecieran, directamente o como partes de la cadena vital, cuando aumentaron las mutaciones al final del cretáceo. Los que sobrevivieron, incluidos nuestros antecesores, fue sólo porque eran menos vulnerables.

Y acaso queden por venir otros períodos de mutaciones más frecuentes; y quizá en el juego de la competencia evolutiva no figuremos siempre nosotros entre los ganadores.

Pero ¿qué es lo que ocurre para que aumente el ritmo de mutación?

Una respuesta que acude a la mente es la radiación. La tierra es bombardeada por rayos duros de diverso origen. Tenemos, en primer lugar, la radiactividad de la corteza misma; pero no hay motivo para que esa radiactividad sufra aumento súbito en ciertas épocas. En realidad, el único cambio que puede experimentar, que nosotros sepamos, es una disminución lenta y continua.

Mas, ¿y la radiación que bombardea la tierra desde el espacio exterior, la del sol y los rayos cósmicos desde más allá del sistema solar?

Mucha de esa radiación es absorbida por la atmósfera antes de alcanzar la superficie terrestre; y mucha, al menos la componente con carga eléctrica, es desviada por el campo magnético terrestre. Como resultado de esa desviación, está rodeada la tierra de zonas en que las partículas cargadas, en grandes concentraciones, saltan de un lado a otro a lo largo de las líneas de fuerza magnéticas (cinturones de Van Allen) y se filtran a la atmósfera superior en las regiones polares para formar las auroras.

Claro que si se anulase el campo magnético terrestre, las partículas cargadas, incluso las de los rayos cósmicos, ya no serían desviadas y llegarían más de ellas a la superficie terrestre. Eso elevaría el nivel de radiación y con ello la frecuencia de las mutaciones.

¿Pero podrá anularse el campo magnético terrestre?

¡Posiblemente! Comparémoslo con el solar. Las manchas presentan, como sabemos, un ciclo de once años; es decir, que el número de manchas solares crece primero, alcanza un máximo, luego cae en un mínimo que es casi nulo, vuelve a crecer, etc. El intervalo medio entre dos máximos vale once años, aunque los intervalos reales han variado entre siete y diecisiete años.

Las manchas solares están asociadas con campos magnéticos, cuya orientación es opuesta en los dos hemisferios solares. Si las manchas del hemisferio Norte tienen el polo Norte magnético arriba, por decirlo así, las del hemisferio meridional tienen arriba el polo Sur. En el siguiente ciclo se invierte la situación: las manchas del hemisferio Norte tienen arriba el polo magnético Sur, y las del hemisferio Sur lo contrario. Para restablecer magnéticamente, y no sólo numéricamente, el ciclo de las manchas, hay que esperar veintidós años.

No es seguro que esto signifique que el campo magnético general del sol invierta periódicamente su polaridad, de modo que cada once años el polo magnético Norte del sol pase a ser polo Sur y viceversa. Si eso ocurre, no hay que creer que el eje magnético gira de repente, dando una vuelta. Lo probable es que todo el campo magnético se debilite y anule, y luego empiece a reforzarse de nuevo, con opuesto sentido, coincidiendo los mínimos de manchas con la anulación del campo. Por qué sucede eso, si es que sucede, nadie lo sabe.

¿Podrá pasarle lo mismo al campo magnético terrestre, mucho menor? Veréis: hay indicios en las rocas, por ejemplo en la orientación de los minerales imantados, de que ha habido períodos en la historia terrestre en que el polo magnético Sur estaba donde ahora está el Norte, y viceversa. Se presume que esto sucede porque el campo magnético terrestre va debilitándose hasta anularse, y luego se refuerza en sentido inverso.

Es un hecho que el campo magnético terrestre parece estar debilitándose durante los siglos que llevamos observándolo. Los geofísicos norteamericanos Keith McDonald y Robert Gunst indican que desde 1670 ha perdido el 15 por 100 de su fuerza y, al ritmo presente de decrecimiento, se anularía hacia el año 4000. Entre el 3500 y el 4500 ya no tendría fuerza bastante para desviar sensiblemente las partículas cargadas.

Claro que nosotros no viviremos para verlo, pero dos mil años no son plazo largo, ni en términos de la civilización humana; y no digamos en términos de las eras geológicas. Y la cosa no es para encogerse de hombros.

Es mucha lástima, porque parece bastante mala suerte nuestra estar tan próximos a la inversión del campo. La última inversión, a lo que podemos colegir por las rocas, parece haber ocurrido hace nada menos que setecientos mil años.

¿Qué sucederá cuando el campo magnético se anule? Quizá hacia el 3500 estemos en condiciones tecnológicas de resguardar la tierra artificialmente, pero supongamos que no. ¿Aumentará el ritmo de mutación, en los milenios sin protección magnética, hasta matar las especies inestables o «seniles»? ¿Estaremos nosotros entre ellas? ¿Se acerca el día del Juicio?

Acaso no. Después de todo, hace setecientos mil años, cuando quizá se invirtió el campo magnético, no hubo ningún «aniquilamiento grande» entre los homínidos antecesores del hombre. Hasta acaso podría haberles favorecido un aumento de la frecuencia de mutación. Al menos el cerebro humano aumentó en volumen con rapidez explosiva, comparada con los ritmos de evolución corrientes; y se podría pensar que ello fue consecuencia de un número inusitado de afortunadas mutaciones.

Además yo he visto cálculos que demostraban que, aunque no existiese el menor campo magnético, ni desviación de las partículas cargadas, el nivel de radiación en la superficie terrestre no se elevaría lo bastante para acelerar la mutación en proporciones peligrosas.

Ataquemos el problema por otro lado. Olvidad, por ahora, el escudo magnético terrestre y pensad si la radiación bombardeante podrá intensificarse considerablemente en su origen. El sol emite de ordinario rayos X desde su corona, y en ocasiones añade alguna gigantesca fulguración, con chorros de rayos cósmicos blandos. La cantidad de esas radiaciones es demasiado pequeña para perjudicar a la vida, pero ¿y si súbitamente experimentasen un aumento desmesurado de intensidad?

No es probable. Es difícil que el sol sufra los cambios precisos para resultar un emisor mucho más activo de rayos X, sin emitir también mucha más radiación ultravioleta y luz visible, y el sol no hace tales cosas. Según todo lo que sabemos (o creemos saber), del sol y de las estrellas en general, y lo que se deduce del «archivo de los fósiles», no hay que contar con un sol tornadizo. Nuestra vieja y excelente calefacción solar es de toda confianza y no se le notan cambios hace eones.

¿Y los rayos cósmicos de fuentes no solares? Son las únicas radiaciones duras no solares, de importancia, que recibimos.

Recientemente K. D. Terry, de la Universidad de Kansas, y W. H. Tucker, de la Rice, han examinado los posibles efectos de que algunas estrellas pasen a supernovas cerca de nuestro sistema solar.

Han indicado que una buena supernova grande, tipo II (que supone la explosión casi total de una estrella de masa diez veces mayor que la solar), desprendería hasta 2×10^{51} ergios de energía, sólo en forma de rayos cósmicos, emitida toda ella en un período de unos pocos días a lo más.

Supongamos que esta energía en rayos cósmicos

se libera en el plazo de una semana. Equivaldría entonces como a *un billón de veces la energía total liberada por el sol en esa semana*.

¿Qué parte de esa energía llegaría a nosotros? Si esa supernova distase de nosotros dieciséis años luz, la radiación cósmica que nos alcanzaría desde tan enorme distancia equivaldría aún a la radiación solar íntegra en esa semana. Sin remedio, eso nos freiría literalmente a todos.

Sin embargo, hay muy pocas estrellas de todas clases que hoy estén sólo a dieciséis años luz de nosotros; y de ellas, ninguna tiene bastante masa para dar origen al tipo más fuerte de supernova. La única estrella cercana que podría de verdad convertirse en supernova sería Sirio, y para eso resultaría más bien floja.

Pero no hace falta que nos friésemos del todo. Consideremos las explosiones de supernovas que ocurren a grandes distancias y nos bañan en concentraciones menores de rayos cósmicos. Éstas pueden, así y todo, ser suficientes para producir perjuicios, y lejos caben muchas más supernovas que cerca. El espacio crece como el cubo de la distancia y hasta doscientos años luz caben dos mil veces más supernovas que hasta dieciséis.

Terry y Tucker indican que la dosis actual de rayos cósmicos que alcanza la alta atmósfera es de unos 0,03 roentgens al año; muy poco, ciertamente. Pero juzgando por la frecuencia de supernovas y sus situaciones y tamaños fortuitos, calculan que la tierra podría recibir por explosión de supernovas una dosis concentrada de 200 roentgens, cada diez millones de años, por término medio aproximado; y dosis mayores en intervalos de correspondiente amplitud. En los 600 millones que abarca el «archivo de los fósiles», hay una razonable probabilidad de que nos haya alcanzado al menos ¡un rayo de 25.000 roentgens! Quizá, pues, los grandes aniquilamientos periódicos de la historia de la vida revelen explosiones de grandes estrellas, a pocos siglos de luz de nuestro sistema solar.

Y acaso será peor el efecto, cuando una tal formidable explosión dé en acontecer precisamente estando a punto de invertirse el campo magnético terrestre, y la superficie, indefensa, soporte los plenos estragos de la «sartén» de rayos cósmicos. Al fin nuestro campo magnético es ahora débil, muy inferior el máximo. Habrá acaso ocasiones en que ni aun dosis algo fuertes de rayos cósmicos producirán perjuicio; pero ahora sí, y hacia el 3500 lo producirán aún mayor. Una supernova que hace trescientos mil años no hubiese afectado a la tierra, ahora podría dejarnos muy maltrechos.

Así, pues, si encontramos indicios en las rocas de que hace unos setenta millones de años hubo una inversión del campo magnético terrestre, y los encontramos en el cielo de que hubo entonces una supernova espectacular en nuestras cercanías; y si quedase bien establecida la simultaneidad de ambos sucesos, estaría yo muy tentado a no buscar otras causas de la muerte de los dinosaurios.

¿Y qué diríamos de nuestros descendientes, no demasiado remotos? ¿Deberemos temer que estén amenazados de perdición? ¿Y si durante el milenio que dura la falta virtual de protección, estalla Sirio a supernova, o lo hace una estrella mayor, aunque más lejana?

La probabilidad es sumamente pequeña. Que nosotros sepamos, a varios siglos de luz no hay ninguna estrella lo bastante avanzada en su desarrollo evolutivo, para que sea de temer su explosión a supernova; pero tampoco sabemos cuanto hay que saber sobre las causas y el momento de tales explosiones.

Mas la posibilidad existe. La radiación cósmica incidente puede crecer lo bastante para producir un aniquilamiento, pequeño o grande; y nada le asegura inmunidad al homo sapiens si eso llega a ocurrir.

Y si nosotros perecemos y los cocodrilos y lagartos sobreviven, ¿no será como si los reptiles «se riesen los últimos» a nuestra costa?

3. Orificios en la cabeza

Un amigo mío dijo una vez que le gustaría ver cómo llevo yo mi archivo. Fuimos, pues, a mi despacho y le dije: «Este clasificador es de correspondencia. Aquí guardo los manuscritos viejos. Aquí los que están en preparación. Éste es el fichero de mis libros; éste el de novelas cortas; aquí otros escritos breves...»

«No, no —dijo—. Todo eso es trivial. ¿Dónde guarda usted sus fichas de datos?»

«¿Qué fichas de datos?, exclamé perplejo. Yo hablo a menudo con perplejidad. A ello atribuyo en parte mi simpatía, acaso haciéndome ilusiones.

«Las fichas en que usted apunta datos para utilizarlos en futuros artículos o libros, clasificadas por materias.»

«Yo no hago eso —dije con inquietud—. ¿Es que debe hacerse?»

«Pero entonces ¿cómo conserva usted las cosas en la memoria?»

Me alegró poder contestar a eso claramente.

«No lo sé», dije. Y él pareció un tanto enfadado conmigo.

Pero de veras lo ignoro. Sólo sé que, desde mis primeros recuerdos, me pinto solo para clasificar. Todo se me distribuye en categorías, se me divide, numera y dispone en la mente, en ordenadas casillas. No me preocupo de hacerlo; es cosa espontánea.

Claro que a veces me confundo en detalles. Por ejemplo, por unos u otros motivos, el número de libros que he publicado me resulta una incógnita. Siempre están preguntándome: «¿Cuántos libros lleva usted publicados?»[1].

Pero ¿qué entendemos por libro?

Acaba de aparecer la segunda edición de mi obra «El Universo». ¿La contaré como un libro más? Claro que no; está puesta al día, pero eso no supone bastante renovación para considerar el libro como nuevo. En cambio, ahora está publicándose la tercera edición de mi *Guía del hombre inteligente a la Ciencia*. Ya conté la segunda como un libro nuevo y como otro más contaré la tercera, pues en ambas los cambios introducidos fueron esenciales y consumieron tanto tiempo y energía como una nueva obra.

Podrán pensar ustedes que en esto yo puedo pinchar y cortar a mi placer, pero no tanto. En mi libro *Opus 100* relacioné mis cien primeras obras,

---

[1] Hasta ahora van 117, para que no os mate la curiosidad

por orden cronológico, y esa lista se hizo «oficial». ¿Pero está correcta? ¿Hice bien en omitir en ella aquello, esto y lo otro, o si a mano viene, en incluir lo de más allá?

Son dudas desde luego intrascendentes; pero me inclinan a simpatizar con los que se meten con clasificaciones más intrincadas que los catálogos de libros. Por ejemplo:

¿Cómo distinguiríais un mamífero de un reptil?

La manera más fácil y rápida consiste en que el mamífero está cubierto de pelo y el reptil de escamas. Cierto que hay que ser amplio al hacer esta distinción. Algunos animales que consideramos mamíferos no tienen pelo muy abundante; los mismos seres humanos, pero tenemos pelo. Menos aún los elefantes, pero tienen alguno. Menos todavía las ballenas, pero algo tienen. Hasta los delfines tienen de dos a ocho pelos cerca de la punta del hocico. Aún ciertas ballenas, que carecen por completo de pelo, lo tuvieron en algunas fases del desarrollo fetal.

Y para estos efectos un pelo vale tanto como un millón, pues uno solo es la característica del mamífero. Ningún animal que consideremos netamente no mamífero tiene ni un verdadero pelo. Hay estructuras que lo parecen, pero la semejanza se desvanece al considerar su aspecto microscópico, su composición química, su origen anatómico o las tres cosas.

Una distinción menos práctica es que los mamíferos (bueno, casi todos) paren sus crías, y casi todos los reptiles no. Algunos reptiles, como la serpiente de mar, ponen vivas sus crías, pero es porque retienen los huevos en el cuerpo mientras se incuban. Los embriones en desarrollo hallan su alimento dentro del huevo, y éste sigue dentro del cuerpo, por motivos de seguridad, pero no de alimentación.

En cambio, los mamíferos, en su mayor parte, alimentan a sus embriones con el torrente sanguíneo materno, por medio de un órgano llamado «placenta», en el cual los vasos sanguíneos de la madre y los del embrión se acercan lo bastante para permitir el intercambio de sustancias: alimentos de la madre al embrión, residuos del embrión a la madre. (No hay, sin embargo, verdadera fusión de los torrentes sanguíneos.)

Una minoría de los mamíferos pare crías vivas, pero escasamente desarrolladas, que tienen que completar su desarrollo en una especie de bolsa materna fuera del cuerpo. Otra minoría más reducida aún pone huevos; pero aun éstos que los ponen tienen pelos.

Otra particularidad de los mamíferos es que alimentan a sus recién nacidos de leche segregada por glándulas maternas especiales. Esto aun los mamíferos sin placenta y aun los ponedores de huevos. Pero no, en cambio, los que no tienen pelo: ¡ni uno solo! La leche parece ser un producto exclusivo de los mamíferos, y eso es lo que debe de haber impresionado más que nada a los clasificadores. La misma palabra «mamífero» deriva de *mamma,* en latín ubre.

Pero además los mamíferos mantienen una temperatura interna constante, por mucho que varíe la temperatura ambiente. En cambio, los reptiles tienen una temperatura interna que tiende a ajustarse más o menos a la ambiente. Los mamíferos, al ser su temperatura interna de 100°F, es decir, más alta en general que la exterior, están calientes al tacto; mientras que los reptiles parecen relativamente fríos. Por eso llamamos a los mamíferos animales de «sangre caliente» y a los reptiles de «sangre fría», omitiendo el detalle esencial de que los primeros tienen temperatura interna constante y los segundos no.

Claro que también las aves tienen sangre caliente, pero no hay peligro de confundir aves con mamíferos. Todas las aves, sin excepción, tienen plumas y sólo ellas las tienen. Y fuera de las aves y mamíferos, todos los animales son de sangre fría.

No he enumerado todas las diferencias entre mamíferos y reptiles, ni mucho menos, sino sólo las que se ven a primera vista, sin ser biólogo. Si consentimos en hacer disecciones, encontraremos otras. Por ejemplo, los mamíferos tienen un músculo plano, llamado «diafragma», que separa el tórax del abdomen. El diafragma, al contraerse, aumenta la capacidad torácica, a expensas de la abdominal, y contribuye a introducir aire en los pulmones. Los reptiles no poseen diafragma. En realidad, ningún animal sin pelo lo tiene.

Bien está; pero pasemos ahora a las especies extinguidas, que los biólogos sólo pueden estudiar en forma fósil. Los paleontólogos, biólogos especialistas en especies extintas, mirando un fósil no dudan en decir si es de reptil o de mamífero; y nosotros nos preguntamos ¿cómo?

No pueden usarse las diferencias realmente obvias, pues, en general, lo único que los fósiles nos muestran son restos de lo que fueron huesos y dientes. En un montón de huesos no es posible encontrar huellas de pelo, ni ubres, ni leche, ni placentas, ni diafragmas.

Lo único que cabe es comparar los huesos y dientes con los de reptiles y mamíferos modernos y ver si hay diferencias radicales en estos tejidos duros; pues puede suponerse que si un animal extinguido tenía huesos característicos de mamífero, habría de tener también pelo, ubre, diafragma, etcétera.

Consideremos el cráneo. En los más primitivos y antiguos reptiles, el cráneo detrás del ojo era un hueso sólido; y al otro lado de él estaban los músculos de las mandíbulas. Pero había tendencia a exponer los huesos de las mandíbulas, para dejarles juego más libre, de modo que muchos reptiles tenían en el cráneo aberturas, bordeadas por arcos óseos. La pérdida neta en fuerza defensiva estaba más que compensada por el refuerzo ofensivo, representado por mandíbulas mayores y más fuertes, que podían morder con más pujanza. En conjunto, los reptiles que casualmente desarrollaron tales aberturas conquistaron, pues, mayores progresos.

(Sin embargo, los «avances» evolutivos nunca son universales, ni la única reacción. Un grupo de reptiles que nunca tuvo agujeros en la cabeza, consiguió sobrevivir cientos de millones de años y florecer a su modo hasta hoy; mientras que tantos y tantos grupos con agujeros en la cabeza han desaparecido. Hablo de las tortugas, cuyos músculos maxilares se esconden bajo un sólido tabique óseo.)

Los reptiles desarrollaron en el cráneo aberturas de diversas formas, y de hecho se clasifican en grupos según éstas. No es que tales modelos sean en sí de suprema importancia fisiológica, pero conviene esa clasificación, porque de quedarnos una parte de un reptil, será probablemente el cráneo.

Pero ¿y los mamíferos que descendieron de los reptiles? Esos tienen una sola abertura a cada lado del cráneo, precisamente tras el ojo, y bordeada en el fondo por un estrecho arco óseo, llamado «arco cigomático».

Así, un paleontólogo, mirando un cráneo, por la

índole de las aberturas sabe inmediatamente si es de reptil o de mamífero.

Pero además la mandíbula inferior de un reptil está formada por siete diferentes huesos, sólidamente soldados en un fuerte armazón. La mandíbula inferior de un mamífero es un hueso único. (Algunos de los huesos que faltan se transformaron en los menudísimos huesos del oído medio. No es tan extraño eso como parece. Si ponemos el dedo en el punto en que la mandíbula inferior toca a la superior —que es donde estaban los viejos huesos reptilianos— veremos que no queda muy lejos el oído.)

En cuanto a los dientes, en los reptiles solían estar indiferenciados, a manera todos de colmillos. En los mamíferos están altamente diferenciados: incisivos cortantes al frente y molares triturantes atrás, con caninos y premolares intermedios para desgarrar.

Puesto que los mamíferos proceden de antecesores reptilianos, ¿hay modo de reconocer qué grupo de reptiles tuvo el honor de ser nuestro ascendiente? Desde luego, ningún grupo actual de reptiles parece tener descendientes mamíferos, ni nada parecido. Hemos de buscar algún grupo que no dejase ni un solo descendiente reptil.

Uno de tales grupos, hoy extintos completamente como reptiles, se llaman los «sinápsidos». Tenían un solo orificio craneal a cada lado de la cabeza y comprendían miembros que mostraban clara orientación hacia los mamíferos.

Había dos importantes grupos de sinápsidos. Los primeros datan de hace unos trescientos millones de años, perteneciendo al orden «Pelicosauria». Estos pelicosaurios eran interesantes principalmente porque sus cráneos parecen mostrar un comienzo de arco cigomático. Además, sus dientes presentaban cierta diferenciación; los anteriores parecen incisivos y tras ellos hay otros que parecen caninos, pero molares no hay: los posteriores son cónicos, de reptil.

Después de florecer unos cincuenta millones de años, los pelicosaurios cedieron su puesto a un grupo de sinápsidos del orden «Therapsida». Indudablemente los terápsidos descendían de cierta especie de pelicosaurios.

Los terápsidos están claramente más cerca de los mamíferos que ninguno de los pelicosaurios. El arco cigomático tiene en ellos más aspecto de mamífero que en los pelicosaurios; tanto, en efecto, que esa característica les da nombre. Terápsido en griego significa «orificio de bestia» o bien orificio craneal propio de «bestia», que es como los zoólogos llaman a los mamíferos.

Además, los dientes están mucho más diferenciados en los terápsidos que en los pelicosaurios, Un terápsido muy conocido que vivió hace doscientos millones de años en Sudáfrica tenía cráneo

y dientes tan perrunos, que se le llama «Cynogna-
thus» («quijada canina»). Sus dientes posteriores
hasta empiezan a parecerse a los molares.

Es más, mientras la quijada de los terápsidos
constaba de siete huesos, al modo típico en los reptiles, el hueso central o «dentario» era, con mucho,
el mayor. Los otros seis, tres de cada lado, se agru-
paban hacia la articulación de la mandíbula inferior con la superior, «camino del oído», como
quien dice.

En otro aspecto mostraban también los terápsidos una faceta progresiva (solemos llamar así
cuanto evoluciona hacia nosotros). Los reptiles
primitivos, incluso los pelicosaurios, tendían a lle-
var las patas desplegadas hacia fuera, de modo que
la parte superior, rodilla arriba, quedaba horizon-
tal. Esto proporciona un sostén poco eficiente para
el peso del cuerpo.

No así los terápsidos: en ellos las patas quedaban recogidas bajo el cuerpo, con las partes inferiores, lo mismo que las superiores, tendiendo a
quedar verticales. Esto proporciona mejor soporte, permite movimientos más rápidos con menos
gasto de energía y es una característica típica de los
mamíferos. Al parecer, la superior eficacia de la
pata vertical significaba que no había ventaja en
los dedos especialmente largos. Los reptiles primitivos solían tener cuatro y aun cinco articulaciones
en el primer dedo y tres articulaciones en los demás, y así es también en los mamíferos.

Pero los terápsidos no subsistieron. Aunque debemos buscarles el rastro como a nuestros más remotos abuelos, es un hecho que hace unos doscientos millones de años, los arcosaurios, animales representantes de lo que ahora llamamos por extensión dinosaurios, estaban tomando auge. Cuando ellos (no antecesores nuestros) crecieron rápidamente en tamaño y especialización, descastaron a los terápsidos. Hace unos ciento cincuenta millones de años, éstos habían desaparecido del todo, para siempre, hasta el último ejemplar.

Bueno, ¡no tanto! Algunos terápsidos quedaban, pero se habían vuelto tan semejantes a mamíferos, a juzgar por los poquísimos fósiles que nos dejaron, que ya no los llamamos terápsidos, sino mamíferos.

En cuanto los mamíferos entraron en escena se las arreglaron para sobrevivir a un dominio de arcosaurios de cien millones de años. Después, desaparecidos los arcosaurios hace unos setenta millones de años, los mamíferos continuaron sobreviviendo y florecieron en una exuberancia de diferenciación y especialización, que hizo de esta última época de la vida de la tierra la «era de los mamíferos».

El problema es ahora: ¿por qué sobrevivieron los mamíferos, mientras que los terápsidos en general no? Los arcosaurios resultaron netamente superiores a los terápsidos; ¿por qué no también a esa ramificación de los terápsidos, los mamíferos?

No pudo ser porque los mamíferos fuesen especialmente cerebrales, pues los mamíferos primitivos no lo eran. No lo son ni aun hoy; mucho menos hace cien millones de años.

Ni tampoco por su perfeccionado modo de reproducirse, pariendo vivas sus crías. El desarrollo de placentas y aun bolsas no ocurrió hasta cerca del final del dominio arcosauriano. Durante cien millones de años los mamíferos sobrevivieron como ovíparos.

Tampoco sería por sus perfeccionados dientes, patas u otras características óseas de los terápsidos en general; pues eso no salvó a la generalidad de los terápsidos.

Realmente la más razonable conjetura es que sobrevivieron por el ardid de tener sangre caliente y temperatura interna constante. Regulando su temperatura interna podían los mamíferos resistir los rayos directos del sol mucho mejor que los reptiles. Además, en las mañanas frías, los mamíferos estaban calientes y ágiles, no fríos, rígidos y aletargados como los reptiles.

Si un mamífero limita su actividad a las horas gélidas o si, perseguido por un reptil durante el calor, puede escapar dirigiéndose al pleno sol, tenderá a sobrevivir. Pero para sobrevivir de ese modo los mamíferos tendrían que tener bien desarrolladas desde el principio la regulación térmica y eso no se improvisa.

Podemos, pues, concluir que aparte de los cambios en los terápsidos, que podemos ver en el esqueleto, deben haberse producido otros, que hicieron posible la regulación térmica. Los mamíferos sobrevivieron porque, entre todos los terápsidos, ellos desarrollaron con máxima eficiencia dicha regulación.

¿Hay indicios del comienzo de tales cambios en los reptiles precursores de los mamíferos? Cierto número de especies de los pelicosaurios tenía en sus vértebras largas prolongaciones óseas, que sobresalían mucho en el aire. Parece que en ellas se apoyaba la piel, dotando al animal de una alta «vela» listada.

¿Para qué? El zoólogo Alfredo Sherwood Romer sugiere que era un «acondicionador de aire», como las enormes orejas en abanico del elefante africano. El calor se absorbe o elimina por la superficie del cuerpo y la vela del pelicosaurio duplica fácilmente el área disponible. En las mañanas frías, la vela absorbe el calor solar y calienta al animal mucho más rápidamente que si no existiese. En cambio, en días calientes, el pelicosaurio se mantiene a la sombra y pierde rápidamente calor, de los vasos sanguíneos que riegan la vela.

Ésta, en suma, servía para mantener la temperatura interna del pelicosaurio menos variable que la de otros reptiles parecidos. Pero sus descendientes, los terápsidos, no tenían velas, y no porque hubiesen dejado de regular la temperatura, pues sus descendientes los mamíferos la graduaban con suma perfección.

Tenía que ser porque los terápsidos habían desarrollado algo mejor que la vela. Quizá desplegaron gran actividad metabólica, para producir calor en cantidades mayores; y desarrollaron pelos (que son sólo escamas modificadas) que servían de aisladores para reducir las pérdidas de calor en días fríos. Acaso desarrollaran también glándulas sudoríferas, para eliminar calor en tiempo cálido, de un modo más eficiente que por medio de velas.

En suma, ¿habrán sido los terápsidos peludos y sudorosos, como hoy los mamíferos? Los fósiles no permiten averiguarlo.

¿Se convirtieron en lo que llamamos mamíferos las especies que mejor perfeccionaron el sudor y el pelo, para sobrevivir donde no pudieron los otros terápsidos, menos adelantados?

Mirémoslo por otro lado. En los reptiles, las narices conducen a la boca, detrás de los dientes. Eso les permite respirar con la boca cerrada y vacía. Cuando está llena, cesa la respiración; en los reptiles, de sangre fría, eso importa poco, pues necesitan relativamente poco oxígeno, y si su entrada se interrumpe temporalmente mientras comen, da lo mismo.

Pero los mamíferos, para mantener caliente la sangre, han de conservar en todo momento un activo ritmo metabólico, lo cual exige que sea continua la oxidación de alimentos que produce el calor. El suministro de oxígeno no puede interrumpirse por más de un par de minutos cada vez. Esto es posible gracias a que los mamíferos tienen paladar, o sea un techo en la boca. Cuando respiran, el aire pasa por encima de la boca a la garganta, la respiración sólo se interrumpe en el acto mismo de tragar y eso es cuestión sólo de un par de segundos.

Es interesante, pues, que algunas de las especies tardías de terápsidos hayan desarrollado un paladar. Lo cual puede tomarse como buen indicio de que eran de sangre caliente.

Parece, por tanto, que si pudiésemos ver terápsidos en estado vivo y no como puñados de huesos fósiles, veríamos seres peludos y sudorosos, que fácilmente podríamos tomar por mamíferos. Dudaríamos entonces cuáles de esos seres eran reptiles y cuáles mamíferos. ¿Cómo trazar la frontera?

Hoy puede parecer que el problema no es crucial. Todos los animales peludos y de sangre caliente que existen se llaman mamíferos. Pero ¿está justificado el hacerlo?

En el caso de los placentarios y marsupiales es seguro que sí. Desarrollaron sus placentas y bolsas hace ochenta millones de años, cuando ya los mamíferos llevaban unos cien millones de años existiendo. Los mamíferos primitivos tuvieron que ser ovíparos, como también, por consiguiente, sus antecesores terápsidos. Por tanto, para trazar la frontera entre terápsidos y mamíferos hemos de buscar entre los ovíparos peludos.

Afortunadamente viven unas seis especies de esos peludos ovíparos, que existen sólo en Australia, Tasmania y Nueva Guinea, islas que se desgarraron de Asia antes de que se desarrollasen los mamíferos placentarios, más eficientes, por lo cual los ovíparos se libraron de una competencia que les hubiese resultado fatal. Estos ovíparos fueron descubiertos en 1792, y por algún tiempo los biólogos encontraron difícil creer que existieran realmente. Tardaron mucho en desechar sus recelos de un engaño. Poner huevos animales peludos parecía una contradicción.

El mejor conocido de esos ovíparos es el «platypus pico de oca». La primera parte del nombre significa «de pie plano» y la segunda alude a una vaina córnea de su nariz, que parece un pico de oca. También se le nombra «ornitorrinco», que significa en griego «pico de pájaro».

Naturalmente esos ovíparos tienen pelo y muy buen pelo, pero también lo tenían, muy probablemente, algunos terápsidos al menos. Los ovíparos segregan también leche, aunque sus glándulas mamarias carecen de pezones y las crías tienen que lamer el pelo, donde rezuma la leche. Sin embargo, algunas especies de terápsidos podrían también haber producido leche de esa manera. Por los huesos no puede saberse.

En algunos aspectos los ovíparos se inclinan fuertemente hacia el lado de los reptiles. Su temperatura corporal está mucho peor graduada que en los demás mamíferos y algunos de ellos tienen veneno. El platypus, por ejemplo, posee en cada tobillo un espolón que segrega veneno; y aunque buen número de reptiles son venenosos, ningún mamífero lo es, fuera de los ovíparos.

Además, precisamente por ser ovíparos, tienen una única abertura abdominal, la «cloaca», que sirve de desagüe común a la orina, heces, huevos y esperma. Todos los pájaros y reptiles actuales, ovíparos también, poseen cloacas; pero los mamíferos no, salvo esos pocos ovíparos. Por esa razón los ovíparos se llaman «monotremas» (de agujero único).

Para la mayoría de los zoólogos, el pelo y la leche revelan inconfundiblemente al mamífero; pero los huevos, la cloaca y el veneno son harto «reptilianos». Así los ovíparos se agrupan en una subclase, «prototerios» (primeras bestias), mientras que todos los demás mamíferos, tanto marsupiales como placentarios, figuran en la subclase «terios» (bestias).

Pero ahora surge la cuestión: ¿son realmente los monotremas los primeros mamíferos, o son más bien los últimos terápsidos? ¿Son realmente reptiles con la apariencia exterior de mamíferos, como la tenían quizá buen número de las últimas especies de terápsidos, o son mamíferos que han conservado algunas características de reptiles?

Esto podrá sonar a asunto puramente semántico, pero los zoólogos tienen que tomar decisiones en esos asuntos y, si es posible, ponerse de acuerdo acerca de ellos.

Un zoólogo norteamericano, Giles T. MacIntyre, ha entrado recientemente en la palestra, aplicando el criterio de las características óseas. (Acerca de los terápsidos no tenemos más testimonios directos que el esqueleto.)

MacIntyre se ha concentrado en la región junto al oído, donde algunos de los huesos maxilares de los reptiles pasaron a huesos del oído, y donde se podría esperar alguna diferencia útil entre ambas clases.

Hay un «nervio trigémino» que va de los músculos de la quijada al cerebro. En todos los reptiles, sin excepción, pasa por un pequeño orificio del cráneo, que está *entre dos* huesos especiales que forman parte del cráneo. En todos los mamíferos marsupiales y placentarios sin excepción pasa por un pequeño orificio, que atraviesa *uno* de los huesos del cráneo.

Dejémonos de pelo, leche, huevos y sangre caliente y reduzcámoslo todo a cuestión de orificios en la cabeza. El nervio trigémino de los monotremas ¿atraviesa un hueso del cráneo o pasa entre dos? La respuesta fue: «atraviesa un hueso del cráneo».

Eso significaría que los monotremas son mamíferos.

«Nada de eso», dice MacIntyre. El estudio del nervio trigémino se hizo en monotremas adultos, cuyos huesos craneales están soldados, y los límites son difíciles de precisar. En los monotremas jóvenes, los huesos del cráneo no están tan bien desarrollados y quedan más claramente deslindados (como ocurre en general en los mamíferos jóvenes). En los monotremas jóvenes, dice MacIntyre, está claro que el nervio trigémino pasa entre dos huesos; y es sólo en el cráneo adulto donde las fusiones óseas oscurecen el hecho.

Si tiene razón MacIntyre, podemos, pues, decir que los terápsidos nunca se extinguieron del todo, y que los monotremas representan terápsidos vivientes; reptiles vivientes, tan parecidos a los mamíferos en algunos aspectos que se les ha considerado mamíferos durante cerca de doscientos años.

Pero, ¿interesa esto a alguien, salvo a unos pocos zoólogos?

¡Pues me interesa a mí! Sentimentalmente estoy por completo de la parte de MacIntyre. ¡Yo prefiero que hayan sobrevivido los terápsidos!

Índice

Los lagartos terribles, junto con *Monasterios ago-
nizantes* y *Orificios en la cabeza*, forman parte de
una recopilación de trabajos de contenido muy diverso de I. Asimov publicada en «El Libro de Bolsi-
llo» de Alianza Editorial con el número 674.